ISBN 978-3-662-22694-0 ISBN 978-3-662-24623-8 (eBook)
DOI 10.1007/978-3-662-24623-8

Die in den Sitzungsberichten Abtlg. I und Abtlg. IIa der math.-nat. Klasse der Österr. Ak. d. Wiss. erscheinenden Abhandlungen werden auch einzeln abgegeben. Sie können durch jede Buchhandlung oder direkt durch die Auslieferungsstelle der Österreichischen Akademie der Wissenschaften (Wien I, Singerstraße 12) bezogen werden.

Nachfolgende Abhandlungen aus dem Fache **Botanik** (Biologie) sind erschienen:

1953 (S I Bd. 162):

Cholnoky B. J. v.: Beobachtungen über die Plasmolyse II. Zur Protoplasmatik der Staubblatthaarzellen von Tradescantia (mit 31 Textabbildungen). S 11.40

Cholnoky B. J. v., und Schindler H.: Die Diatomeengesellschaften der Ramsauer Torfmoore (mit 41 Textabbildungen). S 15.60

Hirn Ilse: Vitalfärbung von Diatomeen mit basischen Farbstoffen (mit 8 Textabbildungen). S 16.20

Huber Elfriede: Beitrag zur anatomischen Untersuchung der Antheren von Saintpaulia (mit 6 Textabbildungen). S 4.90

Lenk Ingeborg: Über die Plasmapermeabilität einer Spirogyra in verschiedenen Entwicklungsstadien und zu verschiedener Jahreszeit (mit 1 Textabbildung und 1 Tafel). S 20.—

Loub W.: Zur Algenflora der Lungauer Moore (mit 3 Textabbildungen). S 22.90

Wimmer Ch., und Höfler K.: Über die Eigenfluoreszenz lebender, absterbender und toter Florideenzellen (mit 3 Textabbildungen). S 9.60

Diskus A.: Vom Osmoseverhalten halophiler Euglenen vom Neusiedler See (mit 3 Tafeln). S 8.50

1954 (S I Bd. 163):

Kiermayer O.: Die Vakuolen der Desmidiaceen, ihr Verhalten bei Vitalfärbe- und Zentrifugierungsversuchen (mit 23 Textabbildungen), 48 Seiten. S 32.30

Loub W., Url W., Kiermayer O., Diskus A., und Hilmbauer K.: Die Algenzonierung in Mooren des österreichischen Alpengebietes (mit 1 Textabbildung und 3 Tafeln), 48 Seiten. S 26.70

Luhan Maria: Zur Wurzelanatomie unserer Alpenpflanzen III. Gentianaceae (mit 4 Textabbildungen und 1 Tafel), 19 Seiten. S 14.90

Poelt J.: Moosgesellschaften im Alpenvorland I (mit 3 Textabbildungen), 34 Seiten. S 15.10

Poelt J.: Moosgesellschaften im Alpenvorland II (mit 1 Textabbildung), 45 Seiten. S 26.50

Scheidl W.: Auslösung von Vakuolenkontraktion durch undissoziierte Basen (mit 12 Textabbildungen und 15 Diagrammen), 44 Seiten. S 28.—

Schiller J.: Über Cyanophyceen aus kleinen künstlichen Wasserbecken und aus dem Ruster Kanal des Neusiedler Sees (mit 17 Textabbildungen [49 Einzelbilder]), 31 Seiten. S 23.40

1955 (S I Bd. 164):

Hölzl J.: Über Streuung der Transpirationswerte bei verschiedenen Blättern einer Pflanze und bei artgleichen Pflanzen eines Bestandes (mit 8 Textabbildungen). S 40.—

Huber Elfriede: Vitalfärbungsversuche an Hochmooralgen mit leeren und vollen Zellsäften (mit 13 Abbildungen auf 3 Tafeln). S 36.40

Kiermayer O.: Über die Reduktion basischer Vitalfarbstoffe in pflanzlichen Vakuolen (mit 4 Tafeln und 1 Farbtafel). S 25.20

Loub W.: Algenbiozönosen des Neusiedler Sees (mit 9 Textabbildungen). S 22.—

Url W.: Resistenz von Desmidiaceen gegen Schwermetallsalze (mit 8 Abbildungen auf 2 Tafeln). S 23.—

Ziegler Annemarie: Die blau fluoreszierenden Idioblasten der Scrophulariaceen: Morphologie, Mikrochemie und Vitalfärbbarkeit (mit 19 Abbildungen im Text und auf 3 Tafeln). S 46.90

1956 (S I Bd. 165):

Abel W. O.: Die Austrocknungsresistenz der Laubmoose (mit 14 Abbildungen im Text und auf 5 Tafeln). S 73.30

Fetzmann Elsa Leonore: Beitrag zur Algensoziologie (mit 3 Textabbildungen, 4 Tafeln und 1 Beilage). S 73.60

Lenk Ingeborg: Vergleichende Permeabilitätsstudien an Süßwasseralgen (Zygnemataceen und einige Chlorophyceen) (mit 7 Textabbildungen). S 83.60

Sperlich A.: Die Fortpflanzungstüchtigkeit (Phyletische Potenz) des Fremdbefruchters. Nach Versuchen mit drei Formen des Alectorolohus hirsutus (Lam.) Alb. S 58.90

1957 (S I Bd. 166):

Politis J.: Über die „Tanninoplasten" oder Gerbstoffbildner der Crassulaceae (mit 2 Textabbildungen und 1 Tafel). S 6.—

Politis J.: Über einen neuen Pflanzenfarbstoff in den Blüten einiger Verbascum-Arten (mit 2 Tafeln). S 5.20

Übeleis Ilse: Osmotischer Wert, Zucker- und Harnstoffpermeabilität einiger Diatomeen (mit 1 Textabbildung).

Zur Wirkung der Atmungsgifte Natriumazid und Dinitrophenol auf die Permeabilität von Blechnum spicant-Zellen

Von Walter Url

Aus dem Pflanzenphysiologischen Institut der Universität Wien

Mit 3 Textabbildungen

(Vorgelegt in der Sitzung vom 12. Dezember 1957)

Einleitung.

Eine große Literatur beschäftigt sich mit der Wirkung von Außenfaktoren auf die Plasmapermeabilität. Spezifische Wirkungen sind aber in vielen Fällen unbekannt oder nicht endgültig erfaßt. Die Fortschritte der Biochemie, welche mit verschiedensten enzymatischen Vorgängen im Plasma bekannt machten, lenkten die Aufmerksamkeit auf Stoffe, deren spezifische Giftwirkung bekannt ist. So ist es das Verdienst Bogens, die in ihrer Wirkung auf Enzyme bzw. Enzymsysteme gut bekannten Stoffe (Lit. u. a. bei Kessler 1955) Natriumazid (Azid) und Dinitrophenol (DNP) in die Protoplasmatik eingeführt zu haben (Bogen 1953, Bogen und Follmann 1955).

Bogens Versuche mit diesen Stoffwechselgiften sollten seine Ansicht von der nichtosmotischen Wasseraufnahme und Wasserführung der Zelle stützen. Auf diese Befunde wurde bei Höfler und Url (1958) genau eingegangen. Bogens Ansicht, daß der plasmolysierte Protoplast aktiv, das heißt, unter Energieaufwand, Wasser aufnimmt und sich so gegen das osmotische Gefälle ausdehnen könne, wird dort widerlegt. Bogen teilt nur Zuckerversuche mit. Sein Schüler Prell (1955) beschäftigt sich mit der Harnstoffpermeabilität. Im Anschluß an Bogen unterscheidet er neben der einfachen osmotischen Harnstoffaufnahme noch andere Aufnahmeprozesse, und zwar einen nichtosmotischen, durch welchen Harnstoff aktiv unter Energieleistung der lebenden Zelle aufgenommen wird, und einen metaosmotischen Prozeß, bei welchem osmotisch aufgenommener Harnstoff sekundär durch Adsorption und Speicherung aus dem osmotischen Gleichgewicht herausgenommen wird. Er nimmt an, daß allgemein bei der Rückdehnung plasmolysierter Protoplaste in Harnstofflösung Prozesse der passiven, dem FICKschen Gesetz folgenden, und der „aktiven" nichtosmotischen Harnstoffaufnahme interferieren, und daß daher ein quantitativer Schluß aus der Rückdehnung bzw. Plasmolysegradänderung auf Harnstoffendosmose unzulässig sei. Die gleiche Ansicht findet sich bei BOGEN (1956a, b).

Zur Nachprüfung der Befunde wählte ich die Grundgewebszellen der Wedelrippe von *Blechnum spicant*. Diese gegen verschiedene Einwirkungen sehr resistenten Zellen geben eindeutige Permeationswerte für Harnstoff, die Wundrandhemmung tritt zurück und hinsichtlich der Permeationseigenschaften gehört das Plasma dieser Zellen dem Normaltyp an (vgl. HÖFLER und URL 1958 und die ausführliche Mitteilung HÖFLERS 1958).

Die Untersuchung der Wirkung der Atmungsgifte auf die Permeabilität erscheint bei diesem Zellmaterial mit seinen stabilen Eigenschaften erfolgversprechender als bei Epidermen höherer Pflanzen. Denn bei diesen verhalten sich die Permeabilitätseigenschaften nicht nur von Objekt zu Objekt sehr verschieden, sie weisen auch gegenüber dem darunterliegenden Parenchym Permeabilitätsunterschiede auf (HÖFLER und STIEGLER 1921, 1930, HURCH 1933, URL 1951, 1952a, b).

Die Epidermen nehmen plasmatisch eine gewisse Sonderstellung ein. Auch die Epidermiszellen der Wedelrippe von *Blechnum* zeigten in orientierenden Versuchen von den Grundgewebszellen abweichende Permeabilitätseigenschaften (URL 1952b). Eine Beeinflussung durch Außenfaktoren trifft bei Epidermen wohl oft nur die spezifischen Eigenschaften dieser Plasmen, z. B. den Variationsbereich zwischen normaler und rapider Harnstoffpermeabilität. Stellen wir uns auf den Boden der Lipoidfiltertheorie, so läßt sich annehmen, daß durch lange Wässerung, Vorplasmolyse, Salzwirkung usw. zunächst nur der Porenweg für den Harnstoff verlegt wird (vgl. z. B. HÖFLER 1949, 1958, S. 286, KREUZ 1941).

Für die Feststellung der Wirkung von Außenfaktoren wie der Atmungsgifte, von denen man generelle plasmatische Wirkung erwartet, sind daher in ihren Eigenschaften stabile bzw. stoffwechselträge Grundgewebszellen vorzuziehen. Aus diesem Grunde halte ich auch BOGENS Wahl von Stengelepidermen (*Oenothera*, *Taraxacum*) für seine Versuche für nicht ganz glücklich.

Material und Methodik

Die Versuche wurden im September 1957 in der Ramsau bei Schladming (1100 m Seehöhe) durchgeführt. Die verwendeten *Blechnum*-Wedel wurden sämtlich einem großen Stock entnommen, der in einem Wald südlich der Ortschaft Kulm wuchs. Für jeden Versuch wurden frische Exemplare eingebracht. Die Längsschnitte durch die Blattrippe entstammten dem unteren Teil derselben. Zur Schnittentnahme vgl. die Abb. 6a bei HÖFLER und URL (1958). Nach einer $^1/_2$—1 Stunde dauernden Wässerung wurden die Schnitte mit einer Handluftpumpe leicht entlüftet und dann in die Lösung eingebracht. Gemessen wurden die an die hadrozentrischen Gefäßbündel grenzenden Grundgewebszellen. Meist wurden die etwas breiteren Zellen der 2. und 3. Reihe verwendet, doch zeigten die schmäleren, ans Gefäßbündel grenzenden Zellen ähnliche Permeabilitätseigenschaften (vgl. Abb. 6b bei HÖFLER und URL 1958 und HÖFLER 1958).

Für die Messung der Plasmolysegrade und die Permeabilitätsbestimmung verwendete ich die plasmometrische Methode HÖFLERS, von der vielfach ausführliche Darstellungen vorliegen (HÖFLER 1918a, b, HÖFLER 1934, KREUZ 1941, STRUGGER 1949). Als Maß der Permeabilität wird die Größe ΔG verwendet, die Änderung des Plasmolysegrades in der Stunde. Auf die Berechnung der Permeationskonstanten P′ und P konnte hier, wo nur Vergleichswerte zu gewinnen waren und es sich außerdem immer um dieselbe Zellsorte handelt, verzichtet werden. Die Messungen wurden mit einem Mikrometerokular 7mal und bei den Traubenzucker- (TZ-) Versuchen sowie dem Harnstoff- (Ha-) Versuch in reiner Lösung mit einem Objektiv 40mal (1 Strich = 3,65 μ), bei den anderen Ha-Versuchen mit einem 30fachen Objektiv (1 Strich = 4,82 μ) durchgeführt.

Versuche.

a) Harnstoffpermeabilität.

Die Schnitte des Hauptversuches vom 27. IX. entstammen demselben *Blechnum*-Wedel. Sie waren seit 9.45 Uhr gewässert, dann entlüftet und wurden sämtlich um 10.36 Uhr in die Lösungen eingetragen. Die erste Messung erfolgte ab 11.15 Uhr. Die Temperatur betrug um 10 Uhr vormittags 13° C und stieg bis 18 Uhr auf 14,5° C an.

Versuch 1. Reine 1,0 molare Ha-Lösung. Die Protoplaste runden sich langsam, erst bei der zweiten Messung sind die Menisken halbkugelig. Zum Zeitpunkt der Messung beginnt Systrophe einzutreten. Ab der 4. Messung ist diese in der für *Blechnum* typischen Form gut ausgebildet und verbleibt so bis zum Ende des Versuches.

VERSUCH I 1,0 mol Harnstoff

1. Messung 11h 15, 2. Messung 12h 15, 3. Messung 13h 45, 4. Messung 14h 45, 5. Messung 15h 45, 6. Messung 16h 45

Zelle	h	b	l_1	l_2	l_3	l_4	l_5	l_6	G_1	G_2	G_3	G_4	G_5	G_6	ΔG_{2-3}	ΔG_{3-4}	ΔG_{4-5}	ΔG_{5-6}
1	44	14	32,8	34,1	38	40,1	42	44	0,638	0,669	0,757	0,802	0,843	0,888	0,0587	0,045	0,041	0,045
2	37	14	27,8	29,2	32,8	34,1	36	Gr.	0,624	0,662	0,760	0,792	0,846	—	0,0653	0,035	0,051	—
3	32	14	25	25,8	28,8	30,2	32	Dpl.	—	0,660	0,754	0,796	0,853	—	0,0625	0,042	0,057	—
4	32	13	23,7	23,1	25,5	27	28,9	Gr.	—	0,586	0,661	0,709	0,767	—	0,0500	0,048	0,058	—
5	36	13	27,3	28,3	31,9	33,9	35,8	D. l.	—	0,666	0,765	0,818	0,874	—	0,0660	0,053	0,056	—
6	35	13	—	27,4	30	32	33,9	Gr.	—	0,658	0,733	0,790	0,844	—	0,0500	0,057	0,054	—
7	40	12	—	30	33,6	35,9	37,8	Gr.	—	0,650	0,740	0,797	0,845	—	0,0600	0,057	0,048	—
8	32	13	—	24,5	27,5	29	30,5	Dpl.	—	0,630	0,722	0,771	0,815	—	0,0612	0,049	0,044	—
								Mittel der G =	0,631	0,647	0,736	0,785	0,848	≈ 0,950*				

Gr. = Grenzplasmolyse, Dpl. = deplasmolysiert.
* Für Grenzplasmolyse G = 0,930, für Deplasmolyse = 1.000 gesetzt.

ΔG (Mittel) = 0,054

VERSUCH 2 — 1,0 mol Harnstoff + 10^{-4} mol Azid

1. Messung 11h 23, 2. Messung 12h 23, 3. Messung 13h 53, 4. Messung 14h 53, 5. Messung 15h 53, 6. Messung 16h 53.

Zelle	h	b	l_1	l_2	l_3	l_4	l_5	l_6	G_1	G_2	G_3	G_4	G_5	G_6	ΔG_{1-2}	ΔG_{2-3}	ΔG_{3-4}	ΔG_{4-5}	ΔG_{5-6}
1	46	12	—	37,5	40,8	43,1	46	Gr.	—	0,728	0,800	0,850	0,914	—	—	0,0480	0,050	0,064	—
2	24	12	—	20,3	22	23	24	Gr.	—	0,679	0,750	0,792	0,832	—	—	0,0473	0,042	0,040	—
3	33	13	—	27,5	28,8	30	31,8	33	—	0,702	0,742	0,779	0,832	0,868	—	0,0266	0,037	0,053	0,036
4	30	13	—	25,5	26,9	27	28,6	29,7	—	0,703	0,751	0,758	0,811	0,845	—	0,0320	0,007	0,053	0,034
5	32	12	—	26	27	28	30,2	Gr.	—	0,686	0,720	0,750	0,788	—	—	0,0266	0,030	0,038	—
6	38	12	28	29	31,9	33,1	35	Dpl.	0,631	0,658	0,734	0,765	0,816	—	0,027	0,0506	0,031	0,051	—
								Mittel der G =	0,631	0,693	0,749	0,781	0,849	≈ 0,922					

ΔG (Mittel) = 0,0392

Die Rückdehnung in Ha erfolgt sehr gleichmäßig. Der Knick zwischen 1. und 2. Messung (vgl. die Kurve in Abb. 1, in der Abb. sind immer die mittleren G-Werte der einzelnen Intervalle aufgetragen) ist darauf zurückzuführen, daß für die 1. Messung wegen der langsamen Rundung nur die G-Werte zweier Zellen einigermaßen brauchbar waren. Im Intervall zwischen 1. und 2. Messung begann die Rückdehnung erst einzusetzen. Aus diesem Grund wurde für dieses Intervall auch kein ΔG gerechnet. Das ΔG-Mittel für die gewerteten Intervalle beträgt 0,054. Dieser Wert stimmt sehr gut mit dem eines anderen Ha-Versuches vom 20. IX. überein, der 0,0527 beträgt. (Die Temperatur betrug hier allerdings 17—18°C, vgl. HÖFLER 1958, S. 262.) ΔG-Werte aus dem Jahre 1937 (l. c. S. 251) liegen in der gleichen Größenordnung. Die Deplasmolysezeit — extrapoliert aus der Rückdehnungskurve — beträgt bei Versuch 1 etwa 7 Stunden.

Nach der 6. Messung kommen die Schnitte in 2,0 mol TZ. Bei der ersten Revision um 23.55 Uhr zeigen alle Zellen starke Plasmolyse (G um 0,390), einzelne haben Prolapse. Am nächsten Tag um 10 Uhr hat sich das Bild kaum geändert.

Versuch 2. Ein Zusatz von 10^{-4} mol Azid zur Ha-Lösung bewirkt eine nur unwesentliche Verringerung der Permeationsgeschwindigkeit. Auch hier runden sich die Protoplaste nur langsam. Gute Systrophe ist erst bei der 4. Messung zu beobachten. Der Schnitt war nach etwa 7 Stunden 45 Min. deplasmolysiert und verblieb bis 10 Uhr vormittags des nächsten Tages in der Ha-Lösung. Danach kam er in 2,0 mol TZ-Lösung ohne Azidzusatz. Die Revision um 20 Uhr desselben Tages zeigte überall beste Plasmolyse und gute bis ziemlich scharfe Systrophe. Der durchschnittliche ΔG-Wert der Ha-Permeabilität beträgt 0,039.

Versuch 3. In der Mischlösung 1,0 mol Ha + 10^{-3} mol Azid erfolgte die Rückdehnung deutlich langsamer als in der Kontrolle. Die Deplasmolysezeit beträgt rund 16 Stunden, der durchschnittliche ΔG-Wert 0,0317. Die Rundung der Protoplaste erfolgt hier noch langsamer, die Plasmolyseform ist eckig mit vielen HECHTschen Fäden. Vielfach verbleiben längere Zeit die für *Blechnum* typischen zigarrenförmigen Plasmolyseformen mit negativen Plasmolyseorten an den Querwänden. Systrophe tritt nicht ein. Nach Beendigung des Versuches kommt der Schnitt um 23.30 Uhr in 2,0 mol TZ-Lösung. Um 24 Uhr waren die Zellen stark imperfekteckig plasmolysiert, am nächsten Tag vormittags alles bestens konvex plasmolysiert. Auch zu diesem Zeitpunkt war keinerlei Systrophe zu beobachten.

VERSUCH 3 — 1,0 mol Harnstoff + 10^{-3} mol Azid

1. Messung 11^h 30, 2. Messung 12^h 30, 3. Messung 14^h 00, 4. Messung 15^h 00, 5. Messung 16^h 00, 6. Messung 18^h 00, 7. Messung 23^h 30.

Zelle	h	b	l_1	l_2	l_3	l_4	l_5	l_6	l_7	G_1	G_2	G_3	G_4	G_5	G_6	G_7	ΔG_{1-2}	ΔG_{2-3}	ΔG_{3-4}	ΔG_{4-5}	ΔG_{5-6}	ΔG_{6-7}
1	38	12	—	27,5	28	28,8	29,7	31,9	38	—	0,618	0,632	0,652	0,676	0,734	0,895	—	0,0093	0,020	0,024	0,029	0,029
2	33	10	22,1	23	24,4	26	27	29,5	Gr.	0,568	0,596	0,639	0,687	0,718	0,792	—	0,028	0,0286	0,048	0,031	0,037	—
3	33	10	24	23	24,2	26	27	29	Gr.	—	0,595	0,632	0,687	0,718	0,777	—	—	0,0246	0,055	0,031	0,0295	—
4	34	9	24	24	27	27,2	28,6	31,2	Gr.	—	—	0,706	0,712	0,753	0,829	—	—	—	—	0,041	0,038	—
5	30	12	—	20,2	21,9	23	23,8	25,6	30	—	0,606	0,650	0,687	0,714	0,774	0,920	—	0,0293	0,037	0,037	0,030	0,0265
6	33	9	—	—	26,1	27,2	28,5	31	Dpl.	—	—	0,700	0,732	0,772	0,848	—	—	—	0,032	0,040	0,038	—
7	28	12	—	—	22,1	22,8	23,4	25	28,5	—	—	0,646	0,672	0,692	0,750	0,875	—	—	0,026	0,020	0,029	0,0227
8	39	10	—	—	29,3	30,6	32	35,1	Dpl.	—	—	0,666	0,710	0,735	0,814	—	—	—	0,044	0,025	0,0395	—
									Mittel der G =	0,586	0,603	0,659	0,691	0,722	0,789	≈ 0,935						

ΔG (Mittel) = 0,0317

VERSUCH 4 1,0 mo Harnstoff + 10^{-2} mol Azid

1. Messung $11^h 43$, 2. Messung $12^h 43$, 3. Messung $14^h 13$, 4. Messung $15^h 13$, 5. Messung $16^h 13$, 6. Messung $17^h 13$.

Zelle	h	b	l_1	l_2	l_3	l_4	l_5	G_1	G_2	G_3	G_4	G_5	ΔG_{1-2}	ΔG_{2-3}	ΔG_{3-4}	ΔG_{4-5}
1	37	10	29	32	34,6	37	Gr.	0,694	0,775	0,845	0,910	—	0,054	0,070	0,065	—
2	51	9,5	39,3	42,8	45,9	48,2	50,5	0,708	0,777	0,837	0,884	0,927	0,046	0,060	0,047	0,043
3	39	10	31	33,8	36,9	39	Gr.	0,710	0,782	0,860	0,915	—	0,048	0,078	0,055	—
4	44	10	33,5	36,8	39,4	42	Gr.	0,685	0,760	0,820	0,879	—	0,050	0,060	0,059	—
5	29	10	24,9	27	29	Gr.	Dpl.	0,743	0,815	0,885	—	—	0,048	0,070	—	—
6	23	11	20	22	Gr.	Gr.	Dpl.	0,710	0,765	—	—	—	0,0366	—	—	—
7	30	9	25	27,8	30	Dpl.	Dpl.	0,734	0,826	0,900	—	—	0,0613	0,074	—	—
8	28	13	—	24,8	28	Dpl.	Dpl.	—	0,731	0,845	—	—	—	0,114	—	—
							Mittel der G =	0,711	0,778	0,846	≈ 0,940	≈ 9,963				

Bei der ersten Messung waren die Protoplasten noch nicht meßbar. Sie wurden aus diesem Grund nicht in die Tabelle aufgenommen.

ΔG (Mittel) = 0,060

Versuch 4. Überraschenderweise wirkt sich selbst ein Zusatz von 10^{-2} mol Azid auf die Ha-Permeabilität nicht aus. Deplasmolysezeit und ΔG-Mittel sind der Kontrolle ähnlich. Allerdings tritt keinerlei Systrophe ein! Um 18.15 Uhr wurde der Schnitt in TZ-Lösung übertragen. Bei der Revision um 23.50 Uhr war überall konvexe Plasmolyse eingetreten.

Versuch 5. Die stärkste Wirkung übt ein Zusatz von 10^{-1} mol Azid zur Ha-Lösung aus. Die Rückdehnung ist in allen Meßintervallen kleiner als bei den anderen Versuchen der Hauptreihe und sinkt noch etwas mit zunehmender Versuchsdauer. Der Plasmolyseeintritt verlief hier ähnlich wie in Versuch 3. Keinerlei Systrophe konnte beobachtet werden. Um 23.40 Uhr, also rund 13 Stunden nach dem Eintragen des Schnittes in die Lösung, zeigte sich eine für alterierte *Blechnum*-Zellen typische Erscheinung. Die Plastiden sammelten sich in den Menisken, ein Umstand, der auf Viskositätsverminderung des Plasmas deutet. Am 28. IX., im Intervall zur letzten Messung, erhöhte sich die Rückdehnungsgeschwindigkeit. Es ist aber anzunehmen, daß es sich hiebei um eine sekundär erhöhte, schon pathologische Erscheinung handelt. Dies um so mehr, als der Schnitt, der um 20 Uhr in 2,0 molare TZ-Lösung gebracht worden war um 23 Uhr nur mehr Tonoplasten zeigte.

Im Resistenzversuch (zur Methodik vgl. Biebl 1949, 1950, Url 1955, 1956), der am selben Material vom 26.—28. IX. durchgeführt wurde, wirkt eine Azidkonzentration von 10^{-1} mol allerdings sehr schädlich. Während in den Konzentrationen 10^{-5}, 10^{-4}, 10^{-3} und 10^{-2} mol Azid ohne Plasmolytikum-Zusatz alle Zellen nach 48 Stunden am Leben sind, treten bei nachträglicher Plasmolyse in TZ-Lösung im Schnitt aus 10^{-1} mol nur mehr Tonoplasten auf. In 0,3 mol Azid rein plasmolysieren die Zellen zunächst. Die Chloroplasten sammeln sich dann in den Menisken, nach 48 Stunden ist aber das Plasma fast überall abgestorben und nur die Tonoplasten überleben. Die toten Chloroplasten und das koagulierte Plasma sitzen dann den Tonoplasten an den Menisken außen an. Ein ähnliches Bild bieten die Zellen aus 0,5 mol Azid. Doch haben hier manche Zellen nach 48 Stunden ein durchaus normales Aussehen. In 1,0 mol Azid gibt es nur mehr Tonoplasten.

Der Resistenzversuch zeigt, daß gerade eine Konzentration von 0,1 mol Azid besonders schädlich ist, während höhere Konzentrationen nicht stärker, eher etwas weniger schädigend wirken. Es handelt sich hier vielleicht um die Andeutung einer Todeszone (vgl. Url 1955, 1956, 1957).

VERSUCH 5

1,0 mol Harnstoff + 10^{-1} mol Azid

1. Messung $11^h 50$, 2. Messung $12^h 50$, 3. Messung $14^h 20$, 4. Messung $15^h 20$, 5. Messung $16^h 20$, 6. Messung $18^h 20$, 7. Messung $23^h 40$, 8. Messung nächster Tag (28. IX.) $10^h 10$, 9. Messung $20^h 00$.

Zelle	h	b	l_1	l_2	l_3	l_4	l_5	l_6	l_7	l_8	l_9	G_1	G_2	G_3	G_4	G_5	G_6	G_7	G_8	G_9	ΔG_{1-2}	ΔG_{2-3}	ΔG_{3-4}	ΔG_{4-5}	ΔG_{5-6}	ΔG_{6-7}	ΔG_{7-8}	ΔG_{8-9}
1	41	9	—	24	25,1	26	26,8	27,7	30,2	34,1	Gr.	—	0,512	0,539	0,561	0,581	0,602	0,664	0,759	—	—	0,0180	0,022	0,020	0,0105	0,0116	0,0081	—
2	35	9,5	19	19,7	21,1	22,1	23	24,2	27	30	Gr.	0,453	0,473	0,512	0,541	0,567	0,601	0,682	0,767	—	0,020	0,0260	0,029	0,026	0,017	0,0152	0,0081	—
3	33	9	18	18,5	20,2	21,1	21,8	22,9	25,1	28	33	0,455	0,469	0,521	0,548	0,570	0,603	0,670	0,757	0,910	0,014	0,0346	0,027	0,022	0,0165	0,0126	0,0083	0,0153
4	27	7	16,5	16,6	18,6	19,1	19,4	21,1	23	Gr.	Dpl.	—	0,528	0,602	0,621	0,632	0,695	0,766	—	—	—	0,0493	0,019	0,011	0,0315	0,0133	—	—
5	38	9	—	—	—	23,6	24	25,1	28,5	31,8	37	—	—	—	0,543	0,553	0,581	0,671	0,758	0,895	—	—	—	0,010	0,014	0,0169	0,0083	0,0137
6	28	9	18,5	18	18,8	19,4	20	21	23	25,4	Gr.	—	0,535	0,565	0,585	0,606	0,643	0,714	0,800	—	—	0,0200	0,020	0,021	0,0185	0,0133	0,0082	—
7	31	10	19,5	18	19	19,7	20,4	21,1	23,1	26	—	—	0,472	0,505	0,528	0,550	0,570	0,634	0,727	—	—	0,0220	0,023	0,022	0,010	0,012	0,0088	—
8	29	9	19	18,5	19	19,8	20,1	21	23	25,8	Dpl.	—	0,535	0,551	0,579	0,590	0,620	0,689	0,786	—	—	0,0106	0,028	0,011	0,015	0,0129	0,0092	—
Mittel der G =												0,454	0,503	0,542	0,570	0,580	0,614	0,685	≈ 0,785	≈ 0,945								

ΔG (Mittel) der G = 0,0132

VERSUCH 6 1,0 mol Harnstoff + 10^{-5} mol DNP

1. Messung 11^h 58, 2. Messung 12^h 58, 3. Messung 14^h 28, 4. Messung 15^h 28, 5. Messung 16^h 28, 6. Messung 18^h 28.

Zelle	h	h	l_1	l_2	l_3	l_4	l_5	l_6	G_1	G_2	G_3	G_4	G_5	G_6	ΔG_{1-2}	ΔG_{2-3}	ΔG_{3-4}	ΔG_{4-5}	ΔG_{5-6}
1	27	12	23	22,5	23,5	25,2	26	27	—	0,685	0,722	0,785	0,815	0,852	—	0,0247	0,063	0,030	0,019
2	36	11	30	30,3	32,1	33,3	34,5	36	—	0,740	0,790	0,823	0,857	0,896	—	0,0333	0,033	0,034	0,019
3	39	14	31	31,6	33,8	35	36	38	—	0,690	0,746	0,777	0,802	0,854	—	0,0374	0,031	0,025	0,026
4	30	12	24	24,7	26,2	27,8	28,5	30	0,667	0,690	0,741	0,794	0,816	0,867	0,023	0,0340	0,053	0,022	0,026
5	33	13	—	—	23,5	30,8	31,9	33	—	—	0,762	0,802	0,835	0,869	—	—	0,040	0,033	0,017
6	26	13	—	—	—	25	25,5	Gr.	—	—	—	0,795	0,813		—	—	—	0,018	—
7	30	13	—	—	27,4	28,2	29	Gr.							—	—	0,025	0,028	—
								Mittel der G =	0,667	0,700	0,755	0,796	0,823	≈ 0,890					

ΔG **(Mittel) = 0,030**

VERSUCH 7 1,0 mol Harnstoff + 10^{-4} mol DNP

1. Messung $12^h 03$, 2. Messung $13^h 03$, 3. Messung $14^h 33$, 4. Messung $15^h 33$, 5. Messung $16^h 33$, 6. Messung $18^h 33$, 7. Messung $23^h 48$, 8. Messung nächster Tag (28. IX.) $10^h 18$, 9. Messung $20^h 18$.

Zelle	h	b	l_1	l_2	l_3	l_4	l_5	l_6	l_7	l_8	G_1	G_2	G_3	G_4	G_5	G_6	G_7	G_8	ΔG_{1-2}	ΔG_{2-3}	ΔG_{3-4}	ΔG_{4-5}	ΔG_{5-6}	ΔG_{6-7}	ΔG_{7-8}
1	35	12,5	25	25,6	26,2	26,8	27,5	29,5	31,5	34	0,595	0,613	0,630	0,647	0,666	0,723	0,780	0,855	0,012	0,017	0,017	0,0095	0,0107	0,0054	0,0075
2	30	12	21,5	22	22,5	23	23,9	26	27,3	29,9	0,584	0,600	0,617	0,633	0,663	0,734	0,777	0,863	0,0106	0,017	0,016	0,015	0,0135	0,0041	0,0086
3	38	12	26	17	27,8	28,4	29,6	32,1	34,8	37,5	0,579	0,605	0,627	0,643	0,674	0,740	0,810	0,881	0,0173	0,022	0,016	0,0155	0,0125	0,0066	0,0071
4	38	12	26,7	27,8	28,2	29,1	30,1	33	35,3	38	0,597	0,626	0,637	0,660	0,687	0,763	0,824	0,895	0,0193	0,011	0,023	0,0135	0,0145	0,0058	0,0071
5	47	10	30,9	32	33,2	34,2	36	39,9	42,9	46,5	0,585	0,610	0,636	0,656	0,695	0,776	0,840	0,920	0,0166	0,013	0,020	0,0195	0,0154	0,0061	0,0080
Mittel der G (Zelle 1—5) =											0,588	0,610	0,629	0,647	0,677	0,746	0,805	0,883							

ΔG (Mittel) Zelle 1—5 = 0,013

Zelle	h	b	l_1	l_2	l_3	l_4	l_5	l_6	l_7	l_8	G_1	G_2	G_3	G_4	G_5	G_6	G_7	G_8	ΔG_{1-2}	ΔG_{2-3}	ΔG_{3-4}	ΔG_{4-5}	ΔG_{5-6}	ΔG_{6-7}	ΔG_{7-8}
6	28	8	21	22,1	23	23,7	25	tot	—	—	0,655	0,694	0,725	0,752	0,796	—	—	—	0,026	0,031	0,027	0,022	—	—	—
7	34	9	24	25	25,8	26,4	28,1	tot	—	—	0,617	0,646	0,670	0,688	0,737	—	—	—	0,0193	0,024	0,018	0,049	—	—	—
8	49	11	33	34,1	35,5	36,3	38,1	tot	—	—	0,598	0,622	0,650	0,666	0,703	—	—	—	0,016	0,028	0,016	0,0185	—	—	—
Mittel der G (Zelle 6—8) =											0,623	0,653	0,682	0,720	0,745										

Die erste Messung wurde in der Tabelle nicht berücksichtigt, weil die Protoplasten noch unmeßbar waren.

ΔG (Mittel) Zelle 6—8 = 0,023

In der Mischlösung von 1,0 mol Ha + 10^{-1} mol Azid bleiben aber die *Blechnum*-Zellen lange am Leben. Ob hier etwa der Harnstoff eine „antagonistische Wirkung" im Sinne KAHOS (1956a, b, c) ausübt, muß dahingestellt bleiben.

Versuch 6. Stärkeren Einfluß auf die Rückdehnungsgeschwindigkeit der Protoplaste als Azid hat Zusatz von Dinitrophenol zur Harnstofflösung. Ein Zusatz von 10^{-5} mol DNP verringert den ΔG-Wert auf 0,030. Systrophe tritt hier noch ein und hält sich bis Ende des Versuches. Der Schnitt kam um 18.32 Uhr in 2,0 mol TZ-Lösung und zeigte um 23.50 Uhr überall starke Plasmolyse mit lockeren Gürtelsystrophen.

Versuch 7. Noch stärker hemmend auf die Rückdehnungsgeschwindigkeit und stärker schädigend wirkt ein Zusatz von 10^{-4} mol DNP. Die Rundung der Protoplaste erfolgt sehr langsam. Bei der ersten Ablesung (12.03 Uhr) sind alle Protoplaste noch spitz und unmeßbar.

Im Versuch überdauern 5 Zellen den ganzen Versuch, während 3 Zellen nach der sechsten Messung absterben (rund 9—10 Stunden nach dem Einlegen). Die Gruppen wurden getrennt gewertet. Die 5 überdauernden Zellen ergeben über 9 Messungen ein durchschnittliches ΔG von 0,013 (Kurve 7a in Abb. 1), die drei anderen, später absterbenden (Kurve 7b in Abb. 1) ein solches von 0,023. Für beide Gruppen wurden getrennte Kurven in die Abb. 1 eingetragen. Man sieht, daß die stärkere Schädigung der 3 Zellen offenbar eine sekundär erhöhte Permeabilität für Harnstoff verursachte.

b) Zuckerversuche.

Die Schnitte der Versuchsreihe mit Azidzusatz, welche vom 23. IX. bis 28. IX. lief, wurden am 23. IX. um 17.33 Uhr in die Lösungen gebracht, jene der Reihe mit DNP-Zusatz, diese dauerte von 26.—28. IX., am 26. IX. um 16 Uhr in die Lösungen eingelegt. Für beide Reihen wurden Kontrollschnitte in reine TZ-Lösung eingelegt. Die TZ-Konzentration betrug in allen Fällen 0,8 mol. Die in der Abb. 2 und 3 eingetragenen G-Werte sind bei der Azidreihe jeweils Mittel aus 10 Zellen, bei der DNP-Reihe solche aus 8 Zellen. Der osmotische Wert der Zellen der zwei Reihen lag etwas verschieden. Bei der Azidreihe betrug der erste gemessene mittlere Plasmolysegrad um 0,630, bei der DNP-Reihe um 0,550 (osmotische Werte 0,505 bzw. 0,440).

Die Protoplaste der Kontrollschnitte dehnen sich anfangs langsam aber ziemlich gleichmäßig aus, ihre Rückdehnung verlangsamt sich dann, um (Kontrollschnitt der Azidreihe, Abb. 3)

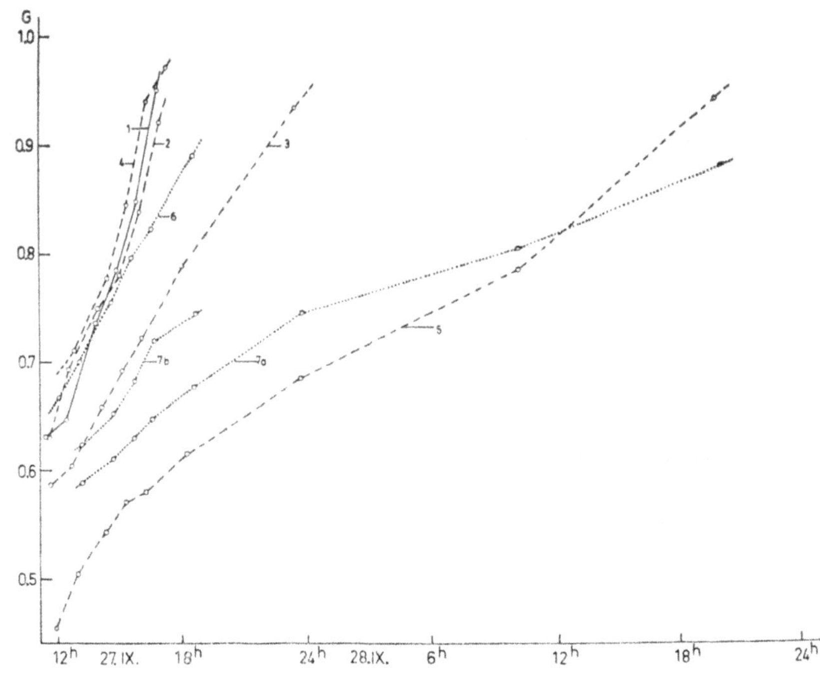

Abb. 1. Harnstoffversuche.
1 = reiner Harnstoff 1,0 mol; 2 = 1,0 mol Harnstoff + 10^{-4} mol Azid; 3 = 1,0 mol Harnstoff + 10^{-3} mol Azid; 4 = 1,0 mol Harnstoff + 10^{-2} mol Azid; 5 = 1,0 mol Harnstoff + 10^{-1} mol Azid; 6 = 1,0 mol Harnstoff + 10^{-5} mol DNP; 7 (a und b) = 1,0 mol Harnstoff + 10^{-4} mol DNP.

nach rund 17 Stunden ganz zum Stillstand zu kommen. Der Plasmolysegrad hat sich dabei nicht sehr stark verändert. Er stieg von rund 0,620 auf 0,680. Die Zellen des Kontrollschnittes der DNP-Reihe zeigen eine etwas stärkere Ausdehnung. Der durchschnittliche Plasmolysegrad steigt von etwa 0,560 auf 0,650. Dieser Versuch wurde am 28. IX. um 19.30 Uhr abgebrochen. Der im letzten Intervall schon sehr flache Kurvenverlauf deutet aber auch hier auf ein baldiges Aufhören der Protoplastendehnung.

Im Kontrollschnitt der Azidreihe, der 6 Tage in der Lösung blieb, setzt nach dem Aufhören der Rückdehnung nach etwa 24 Stunden eine leichte andauernde Protoplastenkontraktion ein. Am 27. IX. zeigen die Zellen, welche anfangs gute normale Systrophe eintreten ließen, Ansammlungen der Chloroplasten in den Menisken, ähnlich wie im Ha-Versuch mit Zusatz von 10^{-1} mol Azid. Die

Konturen der Menisken sind aber alle noch glatt. Im letzten Meß-intervall sterben viele Zellen ab. Die überlebenden Zellen und Tonoplasten verkleinern sich stark. Der letzte eingetragene G-Wert gilt daher nur annähernd.

Bei einem Zusatz von 10^{-4} mol Azid zur TZ-Lösung zeigen die Protoplaste noch ähnliches Verhalten wie in reiner TZ-Lösung.

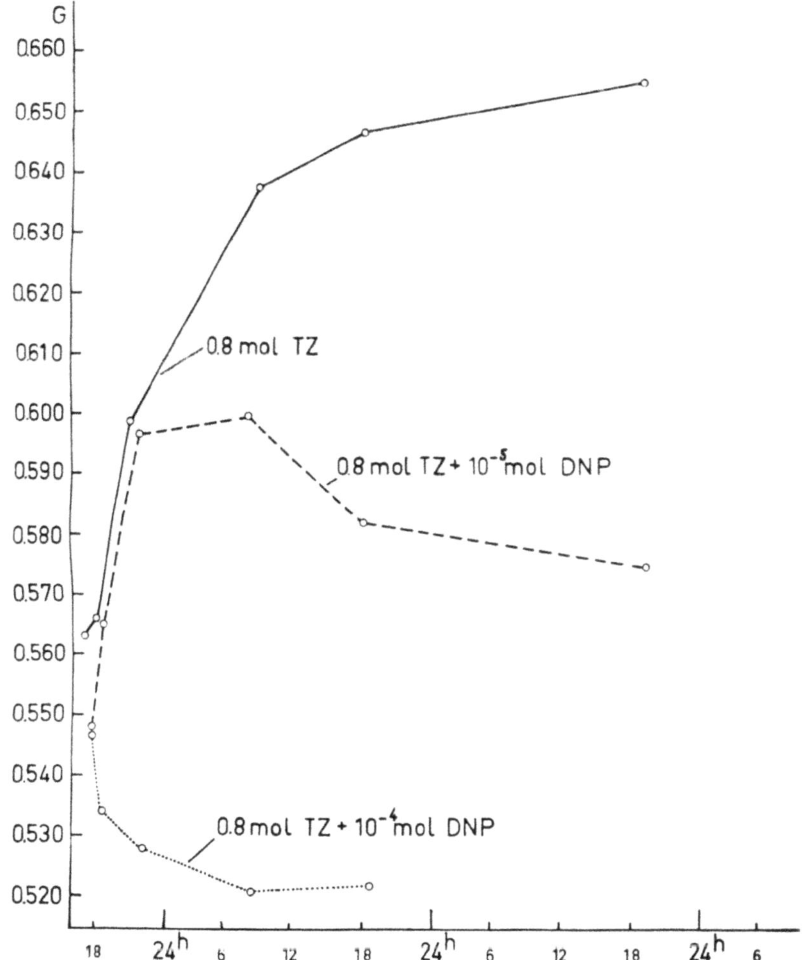

Abb. 2. Plasmolyseverläufe in 0,8 mol Traubenzucker, Kontrolle und steigender DNP-Zusatz.

Die Volumschwankungen sind hier aber kleiner. Der anfänglichen Ausdehnung folgt schon früher (nach 15 Stunden) eine Kontraktion, die mit großer Gleichmäßigkeit bis zum Versuchsende anhält. Systrophe beginnt hier nach etwa 15 Stunden einzutreten, diese wird bis 25. IX. stärker, löst sich aber dann langsam wieder auf. Bei Versuchsende sind die Chloroplasten nur mehr schwach flächig systrophiert, die Zellen sind aber völlig intakt.

Keine klare anfängliche Ausdehnung, sondern nur mehr unregelmäßige Volumschwankungen zeigen die Protoplaste bei Zusatz von 10^{-3} mol Azid zum TZ. Bei der ersten Messung konnten die Protoplastenlängen nur annähernd bestimmt werden, da die Plasmolyse noch nicht perfekt war.

Auch in diesem Versuch zeigen die Zellen nach längerer Zeit (24 Stunden) noch schwache flächige Systrophe, die sich später fast völlig auflöst. Bis auf eine Zelle, in der bei der letzten Messung nur mehr ein Tonoplast liegt, bleiben aber alle Zellen die ganze Versuchsdauer am Leben.

Einen ähnlichen Verlauf nimmt der Versuch mit Zusatz von 10^{-2} mol Azid. Auch hier ist Schwanken des Volumens und gegen Ende des Versuches stärkere Kontraktion zu beobachten. Bei der letzten Ablesung (28. IX., 19.25 Uhr) sind alle Zellen tot, die Volumina beziehen sich nur auf Tonoplasten. Systrophe war während des ganzen Versuches keine eingetreten. Der letzte Meßpunkt ist insofern etwas ungenau, als wegen der koagulierten, den Tonoplasten an den Menisken ansitzenden Chloroplasten keine sehr genaue Bestimmung der Tonoplastenlänge möglich war.

Wesentlich giftiger als Azid wirkt DNP (Abb. 2). Schon ein Zusatz von 10^{-5} mol läßt — nach mehreren Stunden — nur schwache, flächige Systrophe eintreten. Schon im 3. Meßintervall tritt praktisch Stillstand der Protoplastenausdehnung ein. Dann folgt langsame Kontraktion, wobei sich allerdings im letzten Intervall nicht alle Zellen gleich verhalten (Werte für l_6—l_5 = —0,1, —0,2, 0,0, —0,1, +0,2, +0,2, 0,0 +0,1, 0,0).

10^{-4} mol DNP bewirkt sofortige Volumabnahme, wobei im vorletzten Meßintervall fast keine Größenänderung erfolgt. Im letzten Intervall sterben die Zellen ab. Sie sind am 28. IX. um 19.35 alle tot, die Kerne sind in der für DNP typischen Weise braun verfärbt. Systrophe trat nicht ein.

Bei einem Zusatz von $5 \cdot 10^{-4}$ mol DNP zur TZ-Lösung sind nach 1 Stunde 12 Min. alle Zellen krampfig plasmolysiert und zeigen sämtlich die typischen Zigarrenformen mit negativen Plasmolyseorten an den Querwänden. 2 Stunden 15 Min. nach

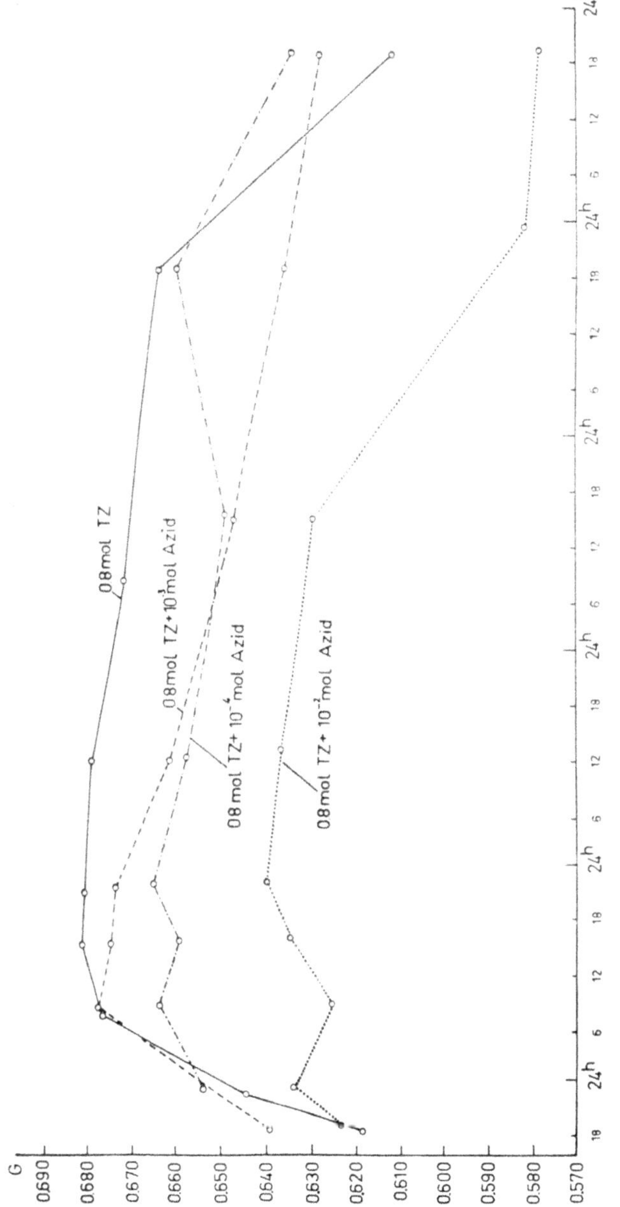

Abb. 3. Plasmolyseverläufe in 0,8 mol Traubenzucker, Kontrolle und verschieden starker Azid-Zusatz.

dem Einlegen sind alle Zellen schon tot, die Kerne sind wieder typisch braun verfärbt. Es finden sich nur ganz vereinzelt Tonoplasten.

Besprechung.

Der Verlauf der Harnstoffversuche an den Grundgewebszellen der Wedelrippe von *Blechnum spicant* zeigt, daß ein Zusatz niederer Konzentrationen von Natriumazid (10^{-4} mol) die Harnstoffpermeabilität nicht oder nur wenig beeinflußt und daß erst hohe Konzentrationen (10^{-1} mol) eine stärkere Hemmung der Rückdehnungsgeschwindigkeit ergeben. Wie die Kurven der Abb. 1 zeigen, hemmt das Azid die Rückdehnung im ganzen Versuchsverlauf gleichmäßig. Es besteht daher die Möglichkeit, daß die Permeabilitätsverminderung durch das Azid in hoher Dosis eine unspezifische Salzwirkung darstellt, eine Hemmung, wie sie auch durch Zusatz anderer Stoffe (z. B. Ca-Salze, KREUZ 1941) hervorgerufen wird. Die Wirkung auf den Stoffwechsel der Zellen, welche das Azid und DNP als Atmungsgifte ausüben, ersieht man aber gut an der mit zunehmender Konzentration immer deutlicher werdenden bzw. völligen Sistierung des Systropheeintritts. Diese Hemmung nimmt mit steigender Konzentration gleichmäßig zu. Die Wirkung auf die Harnstoffpermeabilität ist dagegen beim Azid nicht so gleichmäßig. Zusatz von 10^{-2} mol Azid zum Harnstoff wirkt im Hauptversuch fast gar nicht auf die Permeabilität, während bei 10^{-3} mol eine ziemlich deutliche Wirkung zu beobachten ist.

Eine Permeabilitätshemmung ist für das vom Azid ganz verschiedene Atmungsgift Dinitrophenol (DNP) schon bekannt. MASUDA (1957) zeigt, daß Zusatz von 10 mg DNP pro Liter ($5{,}43 \cdot 10^{-5}$ mol) zur Harnstofflösung die Permeabilität der Innenepidermiszellen etiolierter *Avena*-Koleoptilen deutlich erniedrigt. Das DNP verzögert sowohl das Tempo des Plasmolyseeintritts wie auch das Erreichen des maximalen Plasmolysegrades und den Deplasmolysezeitpunkt. Aus diesen Befunden schließt MASUDA auch auf eine gleichzeitige Hemmung der Wasserpermeabilität[1].

Bei *Blechnum* wirkt DNP auf die Harnstoffpermeabilität ebenfalls hemmend. Auch hier ist diese Hemmung schon bei 10^{-5} mol deutlich, bei 10^{-4} stark.—

PRELL (1955) hat zu zeigen versucht, daß neben der osmotischen Harnstoffaufnahme in plasmolysierte Pflanzenzellen bzw. deplasmolysierte Zellen eine nichtosmotische, unter Energieaufwand erfolgende Aufnahme von Harnstoff stattfindet. Zu diesem Zweck sucht er zunächst zu beweisen, daß in die Epidermiszellen von *Taraxacum*

[1]) Auf die Befunde von GUTTENBERG und REIFF (1957) kann hier noch nicht eingegangen werden.

über den „Konzentrationsausgleich“ hinaus Harnstoff aufgenommen wird. Aus den vielfach sehr unklaren und dürftigen Angaben in der Arbeit geht aber leider weder hervor, wie das Volumen der Vakuolen der Schnitte gemessen wurde, welches aber bekannt sein muß, um aus der mittels der KJELDAHL-Methode gewonnenen Mengenangabe zu einem Urteil über die Konzentration in den Zellsäften zu kommen, noch was unter „Konzentrationsausgleich“ verstanden wird. Exakt zu beobachten ist wohl der Moment der Deplasmolyse. Doch ist zu diesem Zeitpunkt ja erst ein Teil (z. B. die Hälfte) der Außenkonzentration des plasmolysierenden Diosmotikums in den Zellsaft gedrungen. Außerdem verwendet PRELL aber auch *Taraxacum*-Schnitte (neben *Elodea*-Blättchen), denen auch Zellen der Subepidermis und vielleicht noch tieferer Schichten anhaften, welche aber erheblich später deplasmolysieren als die Epidermis. Nach erfolgter Deplasmolyse nehmen nun die Schnitte unter der Einwirkung des weiter bestehenden Konzentrationsgefälles weiter Harnstoff auf.

Aus weiteren Harnstoffversuchen mit Azidzusatz an *Taraxacum* und *Elodea* schließt PRELL dann, „daß die Harnstoffaufnahme bei Versuchsbeginn durch Azid analog der nichtosmotischen Wasseraufnahme gehemmt wird. Da das Azid die Permeabilität nicht herabsetzt, müssen wir schließen, daß der osmotischen Harnstoffaufnahme eine nichtosmotische überlagert ist, die in den ersten 2—3 Stunden durch Azid gehemmt werden kann. Die weitere Harnstoffaufnahme läuft in unseren Versuchen allerdings auch bei Azidanwesenheit mit gleicher Geschwindigkeit wie in den Kontrollen weiter, nur von einem entsprechend tieferen Niveau ausgehend“ (S. 369).

Diese Befunde ließen sich an *Blechnum* nicht bestätigen. Die Rückdehnung verläuft anfangs durchaus mit derselben Geschwindigkeit wie später. (Vgl. die Kurven in Abb. 1.) Dort, wo bei den höheren Azid- und DNP-Konzentrationen eine deutliche Beeinflussung der Rückdehnungsgeschwindigkeit zu beobachten ist, betrifft diese den gesamten Versuchsverlauf und nicht nur die Anfangsphase.

Die Möglichkeit einer Herabsetzung der („passiven“) Permeabilität wird von PRELL ebenso wie früher schon von BOGEN (1953, S. 146, vgl. dazu HÖFLER und URL 1958, S. 469) nicht in Rechnung gezogen. PRELL gibt dazu einen Versuch an, der beweisen soll, daß das Azid die Permeabilität für Harnstoff nicht beeinfluß. Er beläßt *Taraxacum*-Schnitte 15 Stunden in 0,5 mol Harnstoff und überträgt sie dann in dest. Wasser sowie in dest. Wasser, dem 10^{-4} mol Azid und $5 \cdot 10^{-4}$ mol Azid zugesetzt sind. Gemessen wird die Geschwindigkeit der Exosmose, welche sich in allen Fällen als gleich erweist. Der Versuch kann aus mehreren Gründen aber nicht als Beweis dafür herangezogen werden, daß das Azid die Permeabilität nicht herabsetzt. Zunächst ist die gewählte Konzentration des Azids zu gering, um bei der genannten Versuchsanordnung wohl überhaupt Unterschiede erfassen zu können. Auch bei den *Blechnum*-Versuchen ergab eine Azidkonzentration in dieser Größenordnung kaum eine Permeabilitätshemmung. Gegen die Versuchsanordnung an sich ist zu sagen, daß ein direktes Übertragen der Schnitte, deren Zellsäfte größere Mengen Harnstoff enthalten, in dest. Wasser leicht zu Alterationen Anlaß geben kann und daß beim Exosmoseversuch, im Gegensatz zum Permeabilitätsversuch, Azid und Harnstoff zunächst getrennt sind.

* * *

Weiters habe ich die Einwirkung von Azid und DNP auf in Zucker plasmolysierte Zellen in Dauerversuchen verfolgt. Den Verlauf der Hauptversuchsreihe an *Blechnum* zeigen die Kurven in Abb. 2 u. 3. Bei der Betrachtung dieser Versuche ist zu bedenken, daß sie sich über verhältnismäßig große Zeiträume erstrecken und so nicht ohne weiteres mit den Harnstoffversuchen verglichen werden können. Bei den Zuckerversuchen an *Blechnum* wird schon in den Kontrollen bei weitem nicht Deplasmolyse erreicht, sondern nach anfänglich langsamer aber deutlicher Ausdehnung wird die Rückdehnung schwächer und hört schließlich gänzlich auf. Darauf folgt langsame Verkleinerung der Protoplaste durch Exosmose.

Innerhalb des Zeitraumes der Ausdehnung in Zucker sind aber selbst beim Harnstoffversuch mit Zusatz von 0,1 mol Azid die Zellen fast deplasmolysiert. Starke Azid- oder DNP-Gaben hemmen oder sistieren — wie wir in Bestätigung von BOGENS (1953) Befunden feststellten — die anfängliche Ausdehnung auch bei *Blechnum*-Protoplasten. HÖFLER und URL (1958) schreiben (S. 471) „Der Einfluß auf die Volumsänderung der Protoplasten in Harnstoff und Zucker erscheint aber ungleichartig. Dort wird Rückdehnung und Permeation wenig gestört, in den Zuckerversuchen wird die Rückdehnung sistiert. So erscheint die Ansicht gestützt, daß hier vitale Vorgänge bei der Protoplastenausdehnung mitspielen.“ Dabei ist aber zu bedenken, daß der Harnstoff wesentlich schneller permeiert als der Zucker. Durch die Giftwirkung des Azids ausgelöste Exosmosevorgänge können also durch die rasche Harnstoffpermeation leicht überdeckt werden, während dies in den Zuckerversuchen nicht mehr der Fall ist. Daß in den Zuckerversuchen nach längerer Zeit auch in den Kontrollen die Ausdehnung der Protoplaste zum

Stillstand kommt, ist verständlich. Beginnende Alteration des Plasmas durch die lange Plasmolyse, damit verbundene Herabsetzung der Aufnahmegeschwindigkeit des Zuckers sowie einsetzende stärkere Exosmose von Zellsaftstoffen können die Ursache sein. Vielleicht kommt auch Sauerstoffmangel der untergetaucht in den Lösungen verweilenden Schnitte hinzu. Wie die Permeabilitätsverminderung im einzelnen zustande kommt, ist noch nicht klar, doch wäre — wenn wir bei der Zuckerpermeabilität an ein Mitwirken metabolischer Vorgänge denken (ROSENBERG und WILBRANDT 1952, vgl. HÖFLER und URL 1958, S. 471) — an eine beginnende Schädigung der betreffenden Stoffwechselmechanismen bzw. wirksamen Enzyme zu denken.

Durch Zusatz von Atmungsgiften verursacht, können natürlich ähnliche Veränderungen schon früher eintreten und die Zuckeraufnahme verhindern.

Zusammenfassung.

An den Grundgewebszellen der Wedelrippe von *Blechnum spicant* wird der Einfluß der Atmungsgifte Natriumazid (Azid) und Dinitrophenol (DNP) auf die Rückdehnung von in Harnstoff und Traubenzucker plasmolysierten Protoplasten untersucht.

Die Harnstoffpermeabilität wird durch schwache Aziddosen (10^{-4} mol, 10^{-3} mol) nicht oder nur ganz wenig und erst durch die sehr starke Dosis von 0,1 mol deutlich beeinflußt. Durch das Azid wird die Rückdehnung in ihrem ganzen Verlauf gleichmäßig gehemmt.

DNP wirkt viel stärker als Azid, ein Zusatz von 10^{-4} mol hat etwa dieselbe Hemmwirkung auf die Harnstoffpermeabilität wie 0,1 mol Azid. Auch beim DNP betrifft die Hemmung den gesamten Rückdehnungsverlauf gleichmäßig.

In hypertonischen Traubenzuckerlösungen zeigen die *Blechnum*-Protoplaste ein bis zwei Tage lang ganz langsame Rückdehnung, die etwa einer stündlichen Plasmolysegradänderung von $\Delta G = 0{,}0030$ entspricht (vgl. HÖFLER und URL 1958, S. 470). Azid und DNP hemmen auch diese Rückdehnung. Statt ihrer tritt alsbald langsame Verkleinerung der Protoplaste ein, die tagelang weitergeht und wahrscheinlich auf Exosmose von Zellsaftstoffen beruht. Mit den Harnstoffversuchen sind aber die lange dauernden Zuckerversuche nicht unmittelbar vergleichbar.

Literaturverzeichnis.

BIEBL, R., 1949: Vergleichende chemische Resistenzstudien an pflanzlichen Plasmen. Protoplasma *39*, 1.

— 1950: Über die Resistenz pflanzlicher Plasmen gegen Vanadium. Protoplasma *39*, 251.

BOGEN, H. J., 1953: Beiträge zur Physiologie der nichtosmotischen Wasseraufnahme. Planta *42*, 140.
— und FOLLMANN, G., 1955: Osmotische und nichtosmotische Stoffaufnahme bei Diatomeen. Planta *41*, 459.
— — 1956a: Stoffaustausch. Einführung, Begriffsbestimmung: Permeabilität, nichtdiosmotische Stoffaufnahme und -abgabe. Ruhlands Handb. d. Pflanzenphysiologie, Bd. II, 116.
— — 1956b: Die Aufnahme der Anelektrolyte. Ebd. S. 230.
GUTTENBERG, H. v., und REIFF, B., 1957: Über den Einfluß von Atmungsgiften auf Wasserpermeabilität und Wuchsstoffwirkung an den Epidermiszellen von *Rhoeo discolor*. Protoplasma *48*, 499.
HÖFLER, K., 1918a: Die plasmolytisch-volumetrische Methode und ihre Anwendbarkeit zur Messung des osmotischen Wertes von Pflanzenzellen. Ber. Dtsch. Bot. Ges. *35*, 706.
— 1918b: Eine plasmolytisch-volumetrische Methode zur Bestimmung des osmotischen Wertes von Pflanzenzellen. Denkschr. Kais. Akad. Wiss. Wien, math.-nat. Kl. *95*, 98.
— 1934: Permeabilitätsstudien an Stengelzellen von *Majanthemum bifolium*. Sitzber. Akad. Wiss. Wien, math.-nat. Kl., Abt. I., *143*, 213.
— 1949: Über Wasser und Harnstoffpermeabilität des Protoplasmas. Phyton *1*, 105.
— 1958: Permeabilitätsstudien an Parenchymzellen der Blattrippe von *Blechnum spicant*. Sitzber. Akad. Wiss. Wien, math.-nat. Kl. *167*, 237.
— und STIEGLER, A., 1921: Ein auffälliger Permeabilitätsversuch in Harnstofflösung. Ber. Dtsch. Bot. Ges. *39*, 157.
— — 1930: Permeabilitätsverteilung in verschiedenen Geweben einer Pflanze. Protoplasma *9*, 469.
— und URL, W., 1958: Kann man osmotische Werte plasmolytisch bestimmen? Ber. Dtsch. Bot. Ges. *70*, 462.
HURCH, H., 1933: Beiträge zur Kenntnis der Permeabilitätsverteilung in verschiedenen Geweben des Blattes. Beih. Bot. Zentralbl., Abt. I, *50*, 211.
KAHO, H., 1956a: Untersuchungen über die antagonistische Wirkung von Mono- und Disacchariden und chemisch nahestehenden Stoffen bei der Wirkung einiger Elektrolyte auf das Pflanzenplasma. Protoplasma *45*, 560.
— 1956b: Untersuchungen über die antagonistische Wirkung der Mono- und Disaccharide sowie der mehrwertigen Alkohole bei der Wirkung von Säuren auf das Pflanzenplasma. Protoplasma *47*, 164.
— 1956c: Untersuchungen über die antagonistische Wirkung der Zucker und mehrwertigen Alkohole bei der Wirkung von Alkalien auf das Pflanzenplasma. Protoplasma *47*, 242.
KESSLER, E., 1955: Über die Wirkung von 2,4-Dinitrophenol auf Nitratreduktion und Atmung von Grünalgen. Planta *45*, 94.
KREUZ, J., 1941: Der Einfluß von Calzium und Kaliumsalzen auf die Permeabilität des Protoplasmas für Harnstoff und Glyzerin. Österr. Bot. Zeitschr. *90*, 1.
MASUDA, Y., 1957: Über den Einfluß von Auxin auf die Stoffpermeabilität des Protoplasmas III. Die Wirkung von 2,4-Dinitrophenol auf die Harn-

stoffpermeabilität der *Avena*-Koleoptile. The Botanical Magazine, Tokyo *70*, 62.

PRELL, H., 1955: Die nichtosmotische Harnstoffaufnahme und ihre Beziehung zur Wasserbilanz plasmolysierter Zellen. Planta *46*, 361.

ROSENBERG, TH., und WILBRANDT, W., 1952: Enzymatic processes in cell membrane. Internat. Rev. Cytol. *1*, 65.

STRUGGER, S., 1949: Praktikum der Zell- und Gewebephysiologie der Pflanze. 2. Aufl.

URL, W., 1951: Permeabilitätsverteilung in den Zellen des Stengels von *Taraxacum officinale* und anderer krautiger Pflanzen. Protoplasma *40*, 475.

— 1952a: Unterschiede der Plasmapermeabilität in den Gewebeschichten krautiger Stengel. Physiol. Plantarum *5*, 135.

— 1952b: Permeabilitätsstudien mit Fettsäureamiden. Protoplasma *41*, 287.

— 1955: Resistenz von Desmidiaceen gegen Schwermetallsalze. Sitzber. Akad. Wiss. Wien, math.-nat. Kl., Abt. I, *164*, 207.

— 1956: Über Schwermetall-, zumal Kupferresistenz einiger Moose. Protoplasma *46*, 768 (Weber-Festschrift).

— 1957: Zur Kenntnis der Todeszonen im konzentrationsgestuften Resistenzversuch. Physiol. Plantarum *10*, 318.

Die in den Sitzungsberichten Abtlg. I und Abtlg. IIa der math.-nat. Klasse der Österr. Ak. d. Wiss. erscheinenden Abhandlungen werden auch einzeln abgegeben. Sie können durch jede Buchhandlung oder direkt durch die Auslieferungsstelle der Österreichischen Akademie der Wissenschaften (Wien I, Singerstraße 12) bezogen werden.

Nachfolgende Abhandlungen aus dem Fach der **Zoologie** sind erschienen:

1955 (S I Bd. 164):

Brehm V.: Niphargus-Probleme (mit 48 Textabbildungen). S 24.80

Gickelhorn J.: Wissenschaftsgeschichtliche Notizen zu den Studien von S. Syrski (1874) und S. Freud (1877) über männliche Flußaale S 12.80

Hansl N R.: Atmungsenzymsysteme von Avena in ihrer Beziehung zum Wachstum (mit 6 Textabbildungen). S 15.10

Hicker R.: Die Ergebnisse der Österreichischen Iran-Expedition 1949/50. Coleoptera VI. Teil. Malacodermata (mit 4 Textabbildungen). S 3.20

Kühnelt W.: Typen des Wasserhaushaltes der Tiere. S 8.70

Löffler H.: Die Boeckelliden Perus. Ergebnis der Expedition Brundin und der Andenkundfahrt unter Prof. Dr. Kinzl 1953 54 (mit 31 Textabbildungen). S 15.90

Nemenz H.: Über den Bau der Kutikula und dessen Einfluß auf die Wasserabgabe bei Spinnen (mit 2 Textabbildungen und 1 Tafel). S 8.80

Wawrik Friederike: Hochgebirgs-Kleingewässer im Arlberggebiet II (mit 3 Textabbildungen und 2 Tafeln). S 24.80

Wawrik Friederike: Waldviertler Fischteiche I. (mit 5 Textabbildungen und 2 Tafeln). S 17.80

Wettstein-Westerheim O.: Die Fauna der miozänen Spaltenfüllung von Neudorf an der March (ČSR.) Amphibia (Anura) et Reptilia (mit 2 Tafeln). S 10.60

1956 (S I Bd. 165):

Beier M. und Strouhal H.: Zoologische Studien in Westgriechenland. VI. Teil: Ispoda terrestria, II: Armadillidiidae (mit 54 Textabbildungen). S 31.—

Beier M. und Wagner E.: Zoologische Studien in Westgriechenland. V. Teil: Hemiptera-Heteroptera (mit 10 Textabbildungen). S 24.60

Brehm V.: Beiträge zur Kenntnis der Quell- und Subterranfauna des Lunzer Gebietes (mit 5 Textabbildungen). S 8.30

Brehm V.: Bemerkungen zu einigen neueren Cladocerenfunden aus Amerika (mit 2 Textabbildungen). S 9.—

Brehm V.: Über einige Entomastraken Südamerikas (mit 7 Textabbildungen). S 8.50

Janczyk F. St. W.: Anatomie von Siro duricorius Joseph im Vergleich mit anderen Opilioniden (mit 28 Textabbildungen). S 40.—

Mathes Ingeborg: Zur systematischen Stellung der Gattung Platyarthus Brandt (mit 9 Textabbildungen). S 10.50

Medwenitsch W.: Zur Geologie Vardarisch-Makedoniens (Jugoslawien) zum Problem der Pelagoniden (mit 11 Abbildungen im Text und auf 2 Tafeln und 2 Beilagen). S 51.—

Schiller J.: Untersuchungen an den planktischen Protophyten des Neusiedler Sees 1950—1954 III. Teil: Euglenen (mit 70 Abbildungen auf 15 Tafeln). S 47.80

1957 (S I Bd. 166):

Janetschek H. und Steiner W.: Zoologisch-systematische Ergebnisse der Studienreise in die spanische Sierra Nevada 1954.
- Janetschek H.: I. Einführung. S 2.80
- Wagner E.: II. Einige neue Heteropteren (mit 26 Textabbildungen). S 7.60
- Lengersdorf F.: III. Neue Lycoriiden (Sciariden) (Ins., Diptera) (mit 1 Textabbildung). S 3.—
- Schmitz H. S. J.: IV. Phoridae (Diptera) (mit 5 Textabbildungen und 3 Tafeln). S 18.10
- Priesner H.: V. Thysanoptera.
- Roudier A.: VI. Drei neue Curculioniden-Arten (Coleoptera) (mit 1 Textabbildung). S 10.—
- Denis J.: VII. Araneae (mit 23 Textabbildungen und 1 Tafel). S 31.50
- Scheller U.: VII. Symphyla. S 3.—

Kühnelt W.: Ergebnisse der Österreichischen Iran-Expedition 1949/50. Die Tenebrioniden Irans (mit 1 Tafel). S 33.20

Kühnelt W.: Weiß als Strukturfarbe bei Wüstentenebrioniden (mit einem Beitrag von C. Koch, Pretoria) (mit 1 Tafel). S 8.60

Starmühlner F.: Ergebnisse der Österreichischen Island-Expedition 1955. Zur Individuendichte und Formänderung von Lymnaea peregra Müller in isländischen Thermalbiotopen (mit 7 Textabbildungen und 2 Tafeln). S 46.80

Starmühlner F.: Ergebnisse der Österreichischen Iran-Expedition 1949/50. Beiträge zur Kenntnis der Molluskenfauna des Iran, und Edlauer A.: Konchyliologische Bestimmungen und Beschreibungen (mit 17 Textabbildungen, 3 Tafeln und 1 Beilage).

Tollmann A.: Die Mikrofauna des Burdigal von Eggenburg (Niederösterreich) (mit 2 Textabbildungen 7 Tafeln und 2 Tabellen). S 45.90

Wettstein O.: Nachtrag zu meiner Nerpetologia aegaea (mit 2 Textabbildungen und 8 Tafeln). S 56.60

GPSR Compliance
The European Union's (EU) General Product Safety Regulation (GPSR) is a set of rules that requires consumer products to be safe and our obligations to ensure this.

If you have any concerns about our products, you can contact us on

ProductSafety@springernature.com

In case Publisher is established outside the EU, the EU authorized representative is:

Springer Nature Customer Service Center GmbH
Europaplatz 3
69115 Heidelberg, Germany

www.ingramcontent.com/pod-product-compliance
Ingram Content Group UK Ltd.
Pitfield, Milton Keynes, MK11 3LW, UK
UKHW021930190726
13853UKWH00002B/953

* 9 7 8 3 6 6 2 2 2 6 9 4 0 *